Schriftenreihe des Österreichischen Wasserwirtschaftsverbandes – Heft 34

SCHRIFTENREIHE DES
ÖSTERREICHISCHEN WASSERWIRTSCHAFTSVERBANDES

HEFT 34

Fortschritte in der Betontechnik des Massenbetonbaues

I.
Betonschaltafeln für Talsperren
Von Dipl.-Ing. Dr. Josef Fritsch und Direktor Dipl.-Ing. Wilhelm Steinböck

Mit zwölf Bildtafeln und einer Konstruktionsskizze

II.
Fortschritte in der Technologie des Feinkorns im Beton
Von Dipl.-Ing. Dr. Josef Fritsch und Dipl.-Ing. Dr. Alfred Wogrin

Mit vier Textzeichnungen

WIEN
SPRINGER-VERLAG
1957

Alle Rechte, insbesondere das der Übersetzung, vorbehalten.
Copyright 1957 by Österr. Wasserwirtschaftsverband, Wien I, Graben 17.

ISBN-13:978-3-211-80464-3   e-ISBN-13:978-3-7091-5535-6
DOI: 10.1007/978-3-7091-5535-6

Eigenverlag des Österr. Wasserwirtschaftsverbandes, Wien 1957.
In Kommission bei Springer-Verlag, Wien.
Druck: Karl Werner, Wien VII, Bandgasse 28.

Vorwort

Die europäische Wirtschaftskommission der UNO in Genf veranstaltete im November 1956 eine Konferenz, in der die Möglichkeiten besprochen wurden, die Kosten für die Errichtung von Wasserkraftanlagen zu verringern. Die beiden folgenden Arbeiten stellen die österreichischen Beiträge zu diesem Thema dar.

I.
Betonschaltafeln für Talsperren

Von

Dipl.-Ing. Dr. Josef Fritsch

Direktor Dipl.-Ing. Wilhelm Steinböck

Im Wasserbau wurden früher wichtige Betonbauteile, deren Oberfläche eine erhöhte Widerstandsfähigkeit aufweisen mußte, häufig mit Natursteinen verkleidet. Diese Maßnahme war begründet, denn man war in früheren Jahrzehnten noch nicht in der Lage, Betonsorten etwa für Talsperrenbauten herzustellen, die allein durch ihre Qualität im Gebirge ohne jede Verkleidung die erforderliche Beständigkeit gegen Verwitterung und gegen Frostangriffe aufgewiesen hätten. So entstanden auch in unseren Alpen Talsperren mit einer Verkleidung aus Haussteinen, die den Beton des Mauerkörpers vor den Einflüssen des Wassers und der Witterung schützen.

Als man aber im Laufe der Jahre lernte, den Wassergehalt des Betons zu verringern und vor allem an Stelle des Gußbetons erdfeuchten Stampfbeton und später Rüttelbeton herzustellen, verbesserten sich damit auch die Qualität und die Widerstandsfähigkeit des Betonbauwerkes. In dem Maße, als man in der Folge weitere Fortschritte in der Technologie des Baustoffes Beton erzielte und schließlich Betonqualitäten erreichte, die allen Anforderungen genügen und wetterbeständig sind, ohne einen zusätzlichen Schutz zu verlangen, wurden auch im Wasserbau Natursteinverkleidungen an Betonbauwerken seltener. Man hatte es als richtiger erkannt, die bisher hiefür erforderlichen Mittel besser für eine Erhöhung der Betonqualität aufzuwenden; Ausnahmen, bei denen sich noch da und dort Natursteinverkleidung durchsetzen konnte, waren in mehrfacher Beziehung unberechtigt. Man denke bloß an die technischen Erschwernisse, die ein derartiger Vorbau an die Einbaustelle bringt. Da hatte man die Steine einzeln zu übernehmen, kunstvoll aufzubauen, den Beton dann schichtenweise zu hinterfüllen und so zu verdichten, daß ein sattes Anliegen der Steine an den Frischbeton gewährleistet erscheint; eine Forderung, die in Wirklichkeit niemals befriedigend erfüllt werden konnte. In jedem Fall aber brachte der Einbau einer derartigen Steinverkleidung eine wesentliche Behinderung eines zügigen Arbeitsfortschrittes.

Betonbauer der früheren Zeit vertraten häufig den Standpunkt, daß ein großes Bauwerk aus Beton erst dann entsprechend repräsentativ wirke, wenn dieser Baustoff nicht zu sehen sei und alle Oberflächen monumental mit Naturstein verkleidet würden, ein Standpunkt, der heute wohl nicht mehr zu vertreten ist. Die Technik des Baustoffes Beton hat uns gelehrt, Betonbauwerke herzustellen, die ohne Verkleidung dem Zahn der Zeit trotzen können; darum soll unser Bauwerk seinen Baustoff auch nach außen, und zwar in dessen bester Ausführung, in Erscheinung treten lassen. Die Außenfläche braucht dann weder aus technischen noch aus künstlerischen Erwägungen den Eindruck eines Baustoffes zu erwecken, aus dem das Bauwerk nicht besteht. In den seltenen Fällen aber, wo der Ruf nach einer Verkleidung tatsächlich unabweisbar sein sollte, soll man diese nicht aus Naturstein, sondern aus höchstwertigem Beton herstellen und damit auch für das Auge ungleich größere Wirkungen erzielen. In letzter Linie aber ist darauf hinzuweisen, daß jede Natursteinverkleidung mit Sicherheit eine nicht unbedeutende Erhöhung der Baukosten mit sich bringt, die heute in keiner Weise mehr vertretbar ist.

Der konstruktiven Durchbildung von Betonschaltafeln und ihrer Einbindung in den Betonkörper stellt unser Massenbeton, vor allem im Talsperrenbau, besondere Schwierigkeiten entgegen. Bei den dünnen Mauern des Hochbaues lassen sich verlorene Schaltafeln, wie sie dort seit langem mit Vorteil allgemein angewendet werden, leicht gegeneinander verankern. Diese Möglichkeit ist aber bei unseren Massenbetonbauwerken im Wasserkraftbau von vornherein nicht oder nur in den seltensten Fällen gegeben.

Hier liegt die Schwierigkeit vor allem darin, eine Ausbildung zu finden, die ein Ablösen der Platten vom Baukörper mit Sicherheit verhindert und dabei eine Verankerung besitzt, die von der Sperrmauer nicht als Fremdkörper empfunden wird. Bekannt ist die Großausführung der Electricité de France an der Sperre La Girotte. Man suchte dort die Haftung zwischen Schalung und Massenbeton durch Ausbildung eines weit zurückreichenden mächtigen Betonstieles mit möglichst großer Oberfläche zu erreichen. Da sich diese Konstruktion an dieser Baustelle bewährt hatte, verwendete man später bei Errichtung der Anlage Bort les Orgues an der Dordogne Platteneinheiten gleicher Bauweise, jedoch in doppelter Größe. Auch die Stahlbeton-Schaltafeln, die die Franzosen 1955 in Marokko verwendeten, zeigten weit zurückreichende Betonteile, doch wurde hier die angestrebte Vergrößerung der Betonoberfläche durch Anordnung von zwei dünnen lamellenförmigen Ankerplatten erreicht.

Wenngleich auch diese Konstruktion keine nachteiligen Auswirkungen erkennen ließ, könnte man einwenden, daß derartige Verankerungen aus Beton, die in praktisch vollkommen erhärtetem Zustand zum Einbau gelangen, kaum die Formänderungen mitmachen können, die der umgebende frisch eingerüttelte Massenbeton zwangsläufig erfährt.

Die Schwierigkeit der Gestaltung derartiger Verkleidungsplatten ist somit dadurch gekennzeichnet, daß wir einerseits Verankerungen aus Betongliedern vermeiden wollen, die in den Massenbeton hineinreichen, andererseits aber die beträchtliche Stärke der Sperrmauer die Verbindung gegenüberliegender Platten durch einen Zuganker unpraktisch, wenn nicht überhaupt undurchführbar erscheinen läßt. Bei der im folgenden gezeigten Ausführung wurde nun eine Lösung in der Weise gefunden, daß jede Platte durch Rundeisen in den Massenbeton hinein verankert wird, so daß eine einheitliche Verbundwirkung zwischen Anker und Massenbeton erzielt wird, die das Auftreten schädlicher Spannungen unmöglich macht. Als Stützpunkt wird in den frischen Massenbeton ein Dorn eingebohrt, der sogleich unverrückbar festliegt.

Als Beispiel für die erste Großausführung dieser Art werden in der beigegebenen Skizze und den Bildern Ausbildungen und Arbeitsvorgänge gezeigt, die derzeit bei der Errichtung der Sperre am Großen Mühldorfersee der Österreichischen Draukraftwerke AG angewendet werden.

Die Skizze * läßt den schichtenweisen Aufbau der Schalplattenkonstruktion erkennen. An jeder Tafel wird vor dem Einbringen des Betons ein Steg befestigt, der dann später mit einem Zuganker an dem Dorn verspannt wird. Die genaue Lage kann sowohl durch die in der Skizze und in den Bildern ersichtlichen Keile als auch durch das Spannschloß des Zugankers korrigiert werden. Sobald der Beton bis zu den in der Zeichnung ersichtlichen Schichthöhen eingebracht ist, erfolgt die Befestigung der nächsten Platte an den emporragenden Stegen. Dieser Bauvorgang gestattet ein zügiges Arbeiten und bietet Gewähr für eine einwandfreie Verankerung der Konstruktion. Die Zuganker verhindern mit Sicherheit ein Abreißen der Schalungshaut.

Herstellung der Platten

Die Plattenfabrik befindet sich an der Baustelle in unmittelbarer Nähe der Sperrmauer. Der Arbeitsvorgang ist in den Bildern auf den Tafeln I bis XII festgehalten:

Tafel I zeigt die Matrizen, die zur Aufnahme des Betons bestimmt sind.

Tafel II Einschaufeln des Betons. Im Hintergrund gestapelte fertige Platten, die in der gewärmten Halle erhärten.

---

* Anhang hinter den Bildertafeln.

Tafel III	Rüttelbohle, die nach Art eines Straßenfertigers den Beton verteilt und verdichtet. Zur Verbesserung der Platten und insbesondere ihrer Außenfläche wird das Verfahren der Vaccum Concrete Gesellschaft, Paris, angewendet.
Tafel IV	zeigt die Saugmatratze mit dem darunterliegenden Filtertuch und der Saugrohrleitung.
Tafel V	Die betonseitige Fläche der Platten, die eine Kassettenausbildung zeigt, wird durch Abspritzen und Behandlung mit Chemikalien besonders rauh gehalten, um ein gutes Haften des Massenbetons zu erzielen. Auf diesem Bild sind auch die Stege und ihre Befestigung an der Platte zu sehen.
Tafel VI	Die mit höchstwertigem Zement hergestellten Platten können schon nach einem Tag mit einem Kran hochgezogen und im Freien gestapelt werden.
Tafel VII	Ein ähnlich gebauter Kran läuft auf der Einbaustelle zum Versetzen der Platten.
Tafel VIII	zeigt den Einbau auf der geneigten luftseitigen Außenfläche der Mauer; die Platten werden auf die Stege gelegt und auf diesen verkeilt. Der weitere Arbeitsvorgang, der schon in der Skizze angedeutet war, ist auf den folgenden Bildern zu erkennen.
Tafel IX	Der Massenbeton ist so weit eingebracht, daß nur der obere Rand der zuletzt eingebauten Betonschaltafeln und die Stahlbetonstege hervorragen, die mit ihren Zugankern verbunden werden.
Tafel X	An diesen Stegen werden die Schaltafeln so befestigt, daß ihre kassettierte Rückseite zum Anbetonieren des Massenbetons frei liegt.
Tafel XI	Vor dem Einbringen des Betons werden die nächsten Stege eingebaut, die jetzt nur an den Betonschaltafeln festgemacht sind. Von der Verankerung ist zu dem Zeitpunkt nur der oberste Teil zu sehen, an dem nach Einbringen des Betons der Zuganker durch ein Spannschloß befestigt wird. Dann wird Beton bis zu der Höhe eingebracht, die auf Tafel IX zu sehen ist.
Tafel XII	gibt einen Überblick über die Arbeiten an der Sperre während des Einbaues der Platten im Oktober 1956.

Die Ausfüllung der Fugen erfolgt mit Igaskitt, über dessen Lebensdauer hinreichende Erfahrungen vorliegen.

Die Arbeitsweise bringt folgende Vorteile:

1. Durch die Schaltafeln bringt man die höchste, nach dem heutigen Stand der Betontechnik überhaupt erreichbare Betonqualität an die Oberfläche der Sperrmauer. Es ist klar, daß für den Massenbeton der Baustelle selbst sowohl in bezug auf Gleichmäßigkeit als auch auf Qualität der Herstellung nicht die Voraussetzungen geschaffen werden können wie in einer Plattenfabrik; hier kann mit allen technischen Mitteln das letzte aus den Baumaterialien herausgeholt werden. Das Ergebnis ist eine Betonqualität, die der des Natursteines nicht nachsteht, sie sogar in bezug auf eine Gewähr für die Gleichmäßigkeit unter Umständen übertrifft. Es können nun Witterungs- und Frostbeständigkeit mit einer im Talsperrenbau bisher nicht erreichten Sicherheit gewährleistet werden.

2. Durch die Herstellung der Platten in einer Werkstätte besteht die Möglichkeit, Fehlleistungen jeder Art, die im Massenbetonbau niemals ganz vermieden werden können, auszuscheiden und vom Bauwerk fernzuhalten.

3. Trotz der Qualitätsverbesserung tritt eine Senkung der Gesamtkosten ein, und zwar einerseits durch Fortfall der sonst erforderlichen Holz- oder Stahlschalungen, andererseits durch Einsparung von Zement im Kernbeton.

Die geschilderte Arbeitsweise wurde während der Bauzeit der Sperre in allen Einzelheiten durchgebildet und verbessert und hat sich schließlich in der hier dargestellten Form einwandfrei bewährt.

Literaturhinweise

Fritsch, J.: Betontechnik auf französischen Wasserkraftbaustellen. Österr. Bauzeitschrift, Jg. 1949, H. 7.

Fritsch, J.: Neue Erfahrungen im Massenbetonbau. Schweiz. Bauzeitung, 72. Jg. (1954), H. 10, S. 125.

Steinböck, W.: Der Bau der Staumauer am Großen Mühldorfersee. Zement und Beton, Jg. 1956, H. 7, S. 5.

Steinböck, W.: Der Bau der Staumauer Großer Mühldorfersee. Bericht 58 H/11 zur 5. Weltkraftkonferenz, Wien 1956.

II.
Fortschritte in der Technologie des Feinkorns im Beton

Von

Dipl.-Ing. Dr. Josef Fritsch

Dipl.-Ing. Dr. Alfred Wogrin

Der vorliegende Beitrag soll über eine Entwicklung berichten, die von Österreich ausgegangen ist, sich in Europa rasch verbreitet und wesentliche wirtschaftliche sowie technische Vorteile gebracht hat. Es handelt sich um eine Arbeitsmethode zur genauen Aufbereitung auch der allerfeinsten Sandfraktionen der Betonmischung.

Die Tatsache, daß der Gehalt des Zuschlagstoffes an feinstem Korn einen entscheidenden Einfluß auf alle Frisch- und Festbetoneigenschaften ausübt, ist gewiß seit langer Zeit bekannt. Wir finden schon in der ältesten Literatur über die Technologie des Betons immer wieder folgendes vertreten: Einerseits verlangt man eine Auswaschung des Sandes und meint damit eine Entfernung der schmutzigen, erdigen und lehmigen, kurz gesagt, der betonschädlichen Beimengungen kleinster Körnung. Diese Forderung wurde auch in den schon bisher üblichen Sieb- und Waschanlagen mehr oder weniger unvollständig erfüllt. Die hiefür gebräuchlichen Einrichtungen hatten aber stets den Nachteil, daß der Arbeitsvorgang recht willkürlich war und weder die Intensität der Waschung selbst noch ihre Ergebnisse genau festgestellt wurden. Es war unvermeidbar, daß mit den unerwünschten schmutzigen Bestandteilen auch wertvolle feinste Sandkörner mit abgeschwemmt wurden. An Baustellen, an denen Mangel an Feinsand herrschte, versuchte man dann oft, in Sandrückgewinnungsanlagen wenigstens einen Teil der wertvolleren Körner für die Wiederverwendung zu retten. Andererseits aber sagt uns eine alte Lehre der Betontechnik, daß es unter Umständen zweckmäßig sei, von den allerfeinsten Körnungen einen, allerdings nur sehr geringen Anteil in der Mischung zu belassen. Man forderte dies vor allem dann, wenn es besonders darauf ankam, hohe Wasserundurchlässigkeit des Betons zu erreichen.

Bei den von uns in den letzten Jahren angestellten Überlegungen gingen wir von der Forderung aus, daß in einer guten Betonmischung jedes einzelne Korn mit Zementschlempe umhüllt sein muß, wenn der Beton fest und wasserdicht werden soll. Fügen wir dem die selbstverständlichen Forderungen nach einer guten Verarbeitbarkeit und der praktisch vollkommenen Frischbetonverdichtung hinzu, so erkennen wir die überragende Bedeutung, die der Kornzusammensetzung vor allem im feinsten Bereich zukommt. Dies ist in erster Linie dadurch zu erklären, daß die Summe der Oberflächen der feinsten Körner fast ausschließlich über den Bedarf an Bindemittelleim entscheidet, der zur Erfüllung dieser Forderung notwendig ist. Wie noch gezeigt werden soll, gibt es für jede Betonmischung und für jeden Bauteil einen günstigeren Kornaufbau, der dadurch gekennzeichnet ist, daß man — immer unter sonst gleichen Verhältnissen, also mit dem gleichen Wasserzementwert — zur Herstellung einer gut verarbeitbaren Mischung die geringste Menge Wasserbindemittelleim benötigt. Entscheidend und wesentlich wichtiger als die Zusammensetzung der bisher beachteten mittleren und gröberen Körnungen ist hiefür der Aufbau des allerfeinsten Kornes.

Bisher war es an gut geführten Baustellen üblich, den Sand in den Grenzen zu trennen, die praktisch im großen Maßstab durch Siebung eingehalten werden konnten. Man verwendete hiefür im allgemeinen einen kleinsten Siebdurchmesser von 3,0 mm, während nur bei günstigen Kornformen und reichlicher Wasserbeigabe und auch nur auf Vibrationssieben eine kleinste Maschenweite von 2,0 mm in Betracht kam. Unterhalb dieser Abmessungen aber wurde die Zusammensetzung des Sandes bisher viel zu wenig beachtet. Gewiß suchte man ihren Aufbau kennenzulernen und erreichte oft durch mehr oder weniger intensive Waschung und in besonderen Fällen durch Beimengung von Feinsand anderer Qualität eine Verbesserung. Keine Baustelle aber hatte die Möglichkeit, den Sand im Bereich unter 2 bis 3 mm wesentlich zu verändern. Es mußte schon ein sehr verunreinigtes Material oder eine sehr anspruchsvolle Bauherrschaft vorhanden sein, damit eine gründliche Waschung des Sandes überhaupt zustande kam. Aber auch damit wurde wohl eine gewisse Verbesserung erzielt, eine vollkommene Klassierung und getrennte Behandlung der einzelnen Korngruppen des feinsten Bereiches aber war weder geplant noch erreicht worden.

Die Unkenntnis und die zu geringe Beachtung der Zusammensetzung der feinsten Teile waren ein wesentlicher Grund für das Auftreten von Unregelmäßigkeiten in der Betonqualität, die nur allzuoft in der folgenden Weise zustande kamen: Es war bisher vielfach üblich, die Zementbeigabe nur als Dosierung, das ist als Gehalt eines Kubikmeters verdichteten Betons vorzuschreiben. In den Bauverträgen ebenso wie in der Literatur und in den Normblättern wurden früher Betonmischungen immer nur in dieser Weise gekennzeichnet. Dann hatten der Bauunternehmer und sein Betonmaschinist lediglich die Aufgabe, jeder Mischung die vorgeschriebene Zementmenge und so viel Wasser beizufügen, daß die jeweils erforderliche Verarbeitbarkeit gerade erreicht wurde. Die Erfahrung lehrt uns aber, daß die größte Gefahr für die Betonqualität stets in Unregelmäßigkeiten jeder Art zu suchen ist. Es wird kaum eine Baustelle geben, die nicht sehr wohl in der Lage wäre, Betonwürfel mit der geforderten Festigkeit herzustellen. Damit ist aber keineswegs die Gefahr ausgeschaltet, daß an der gleichen Baustelle unmittelbar darauf erhebliche Fehlleistungen auftreten können. Wir brauchen uns bloß vorzustellen, daß man dort beispielsweise mit einem Natursand arbeitet, der unaufbereitet angeliefert wird. Durch das mehrmalige Umladen kann leicht eine Entmischung eintreten, und irgendwann kommt dann der Augenblick, wo unkontrollierte Mengen von allerfeinstem Material oder Gesteinsstaub die Mischung anreichern. Das fällt lediglich dem gut eingearbeiteten Betonmaschinisten auf, der dann nichts weiter zu tun hat, als dieser Mischung so viel Wasser mehr zuzugeben, daß der Frischbeton die gleiche gute Verarbeitbarkeit aufweist wie vorher und nachher. Selbstverständlich wird dadurch der Wasserzementwert auf unbekannte und unerlaubte Werte erhöht und damit gleichzeitig die Betonfestigkeit auf ebenso unbekannte wie unzulässige Werte herabgesetzt. Das bedauerlichste an diesem Vorgang aber ist, daß auch bei bester Baukontrolle alle Beteiligten, also sowohl Bauherrschaft wie Bauunternehmung, durchaus befriedigt waren. Auch der Vertrag ist erfüllt worden, der mitunter nur die Zementdosierung und die Verarbeitung vorschreibt. Beide sind auch bei diesen Mischungen einwandfrei eingehalten worden. Wir sehen, daß das Arbeiten mit einer festen Zementdosierung dann unvermeidbare Streuungen in die Betonmischung bringt, wenn der Aufbau des feinen Sandes nicht genügend beachtet und vor allem nicht konstant gehalten wird.

Unsere Forschungsarbeiten führten uns zu einem für die Betontechnik neuen Ziel. Sie zeigten uns, daß wesentliche Fortschritte dann erreicht werden könnten, wenn es gelänge, eine Trennung und Aufbereitung auch der allerfeinsten Körnungen mit einer Genauigkeit durchzuführen, wie sie bisher bloß für die gröberen Fraktionen üblich war. Es war uns von vornherein klar, daß mit einer derartigen getrennten Behandlung der allerfeinsten Fraktionen ein ungleich größerer Einfluß und Erfolg zu erwarten sein würde als durch die gebräuchliche Aufbereitung der gröberen Körnungen. Es fehlten aber zunächst Einrichtungen und Verfahren, um im Laboratorium und auf der Baustelle die hiezu erforderlichen Arbeitsvorgänge auch nur versuchsweise durchführen zu können.

Eine Anregung für die weitere Entwicklung brachten uns amerikanische Baustellen, die mit ihren sogenannten „Dorr"-Anlagen zwar keine exakte Trennung der feinsten Fraktionen, wohl aber eine wesentliche Beeinflussung ihres Aufbaues erreichten. Die von uns im allerfeinsten Bereich angestrebte Arbeit mit getrennten Fraktionen war mit derartigen Trenngeräten des Systems Fahrenwald aber ebenso unmöglich wie die Vorschreibung und Einhaltung einer bestimmten, erprobten Feinkornzusammensetzung. Dennoch stellen diese amerikanischen Ausführungen einen wesentlichen Fortschritt dar, der durch die bessere Ausnützung des Materials und vor allem durch höhere Gleichmäßigkeit der Betonqualität bezeugt wird. Das Wertvollste aber, das sie uns vermittelten, war die Anregung, auf diesem Weg einen Schritt weiterzugehen und eine Lösung zu finden, die praktisch einer restlosen Aufbereitung der feinsten Korngruppen gleichkommt. Wir können heute darauf hinweisen, daß es uns geglückt ist, ein Verfahren für unsere Betontechnik heranzuziehen, das keinen Wunsch offen läßt.

In der österreichischen Montanindustrie wurden sogenannte Vertikalschlämmgeräte zur Trennung von Erzen, und zwar insbesondere von Kaolin, verwendet, die mit einer ungleich größeren Trennschärfe arbeiten als die Geräte, die wir bis dahin auf Betonbaustellen kennengelernt hatten. Man kann mit dem System Dr. EDER, nach dem heute derartige Geräte in Österreich unter dem Namen „Rheax" hergestellt werden, beispielsweise Sande unter 3 mm, etwa bei 1,0 mm, mit hoher Schärfe trennen. Dabei sind diese Einrichtungen so gut wie keinem Verschleiß ausgesetzt und benötigen für den laufenden Betrieb nichts als eine bestimmte Pumpenleistung. Es hat sich nun als praktisch erwiesen, diese Vertikalschlämmanlagen mit den bekannten Horizontalschlämmgeräten zu kombinieren, in denen unabhängig von der soeben genannten Trennung Feinststoffe bis zu einer bestimmten Größe ausgeschieden und gleichzeitig damit bis zu einem etwa dreifach größeren Durchmesser Glimmerblättchen entfernt werden können. Dabei steht es uns frei, sowohl die Trennkorngröße der Vertikalschlämmung als auch die Grenze für die sogenannte „Entstaubung" im Horizontalschlämmgerät den jeweiligen Wünschen und Forderungen der Baustelle weitgehend anzupassen. Die erste derartige Feinsandklassieranlage wurde im Jahre 1952 für den Bau der Oberstufesperren in Kaprun in Betrieb genommen; sie scheidet pro Stunde etwa 100 t Rohsand 0 bis 3 mm in die Klassen 0,1 bis 1 mm und 1 bis 3 mm. Im Gegensatz zu den erwähnten amerikanischen Anlagen wird bei uns jede dieser scharf getrennten Fraktionen im Johnsonturm gesondert zugewogen.

Dem Beispiel Kaprun folgte zunächst in Österreich die Baustelle für das Donaukraftwerk Jochenstein, später die Donaustufe Ybbs-Persenbeug und die Baustelle Lünersee. Gleichzeitig kamen in der Schweiz Rheax-Anlagen in Zervreila und Gougra, in Italien in Gioveretto, Vajont, Mae, Campo Moro und Frera in Betrieb, während ähnliche Einrichtungen in

Lienne, Grande Dixence, Mauvoisin und in rascher Folge an den französischen Baustellen Serre Ponçon, Roselende und Grandval errichtet wurden. In Deutschland war es die Baustelle für die Staustufe Rain am Lech der Rhein-Main-Donau AG, die als erste das von uns erprobte Verfahren der Feinstkorntrennung übernahm und mit Erfolg anwandte.

Bei den Ausschreibungen für Schweizer Großbaustellen werden besonders hohe Anforderungen an die Trennschärfe der Schlämmmethoden gestellt. Für die Kornscheide bei 1 mm wird in der Schweiz allgemein die Kornstreuung 25/75 unter 2,2, für die Kornscheide bei 0,1 mm die Kornstreuung 25/75 unter 3 verlangt.

Für Kornscheiden zwischen 0,5 mm und 1,5 mm werden die erwähnten Vertikalschlämmer verwendet, deren Prinzip aus Abbildung 1 hervorgeht. Das Rohgut wird etwa in mittlerer Höhe eingebracht. Falls der Aufwasserstrom z. B. mit 10 cm/sec eingestellt ist, wird alles Korn, welches schneller absinkt, in das Grobgut gelangen, alles Korn, welches langsamer im Wasser absinkt, hingegen in das Feingut. Die doppelkonische Form des Gefäßes bewirkt ein allmähliches Ansteigen der Vertikalgeschwindigkeiten von unten nach oben, was hohe Bedeutung für die Trennschärfe im Zusammenhang mit höchstmöglicher Konzentration hat, da die Ansammlung von sogenannten Schwebepolstern hierdurch hintangehalten wird. Diese Vertikalschlämmer werden in Typen hergestellt, deren Leistungen von 2 t/h bis 100 t/h gehen. Als durchschnittlicher Wasserverbrauch können pro Tonne Rohsand 6 Kubikmeter gerechnet werden. Für Kornscheiden unterhalb 0,5 mm verwendet man die Horizontalschlämmung. Je höher die verlangte Trennschärfe, desto mehr Stufen der Horizontalschlämmung müssen hintereinander geschaltet werden. Falls genügend Frischwasser zur Verfügung steht, verwendet man eine zwei- oder dreistufige offene Horizontalschlämmanlage (Abb. 2); bei Wassermangel und insbesondere, falls hohe Trennschärfe verlangt wird, hingegen die drei- oder vierstufige Verbundschlämmung (Abb. 3). Rheax-Verbundschlämmer sind in Typen im Handel, welche Kornscheiden von 10 Mikron bis hinauf zu 0,6 mm beherrschen und deren Leistungen in den Grenzen von 10 kg/h bis 100 t/h liegen. Der Wasserverbrauch einer zweistufigen offenen Horizontalschlämmung liegt etwa bei 10 m³/t Sand, der einer drei- oder vierstufigen Verbundschlämmung hingegen bei bloß 5 m³/t.

An vielen Baustellen, z. B. bei den Illwerken in Schruns, Vorarlberg, werden neuerdings sogenannte Kombischlämmer bevorzugt, welche in einem geschlossenen Apparatezusammenbau drei Sandfraktionen herstellen (z. B. eben die Fraktionen 1 bis 3 mm, 0,1 bis 1 mm und 0 bis 0,1 mm). Die Kombischlämmer bestehen aus einem zentralen Vertikalschlämmer und zwei Horizontalschlämmern (Abb. 4).

Die Einführung des Verfahrens auf unseren Großbaustellen wurde durch den Umstand gefördert, daß sowohl in den Moränen des Gebirges als auch an den Baustellen unserer großen Flußkraftwerke im Sand wesentliche Mengen von Feinststoffen vorkommen, die ihrer Qualität nach betontechnisch ungünstig sind. Im Gebirge ebenso wie im Strombett werden von der Natur gerade die gesteinsmäßig schlechteren und die ungesunden Stücke zuerst zerrieben und bilden dann einen großen Teil

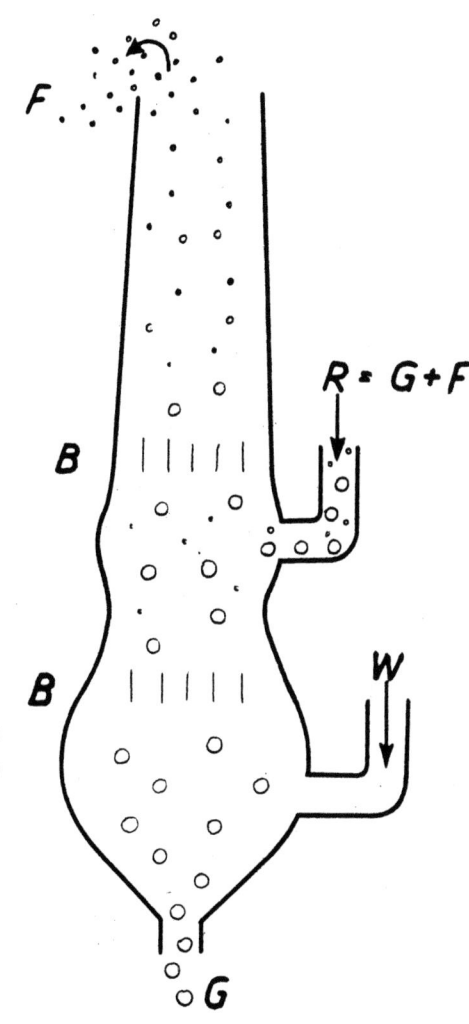

Abb. 1. Rheax-Vertikalschlämmung

(Legende zu den Abbildungen 1 bis 4 siehe Seite 23)

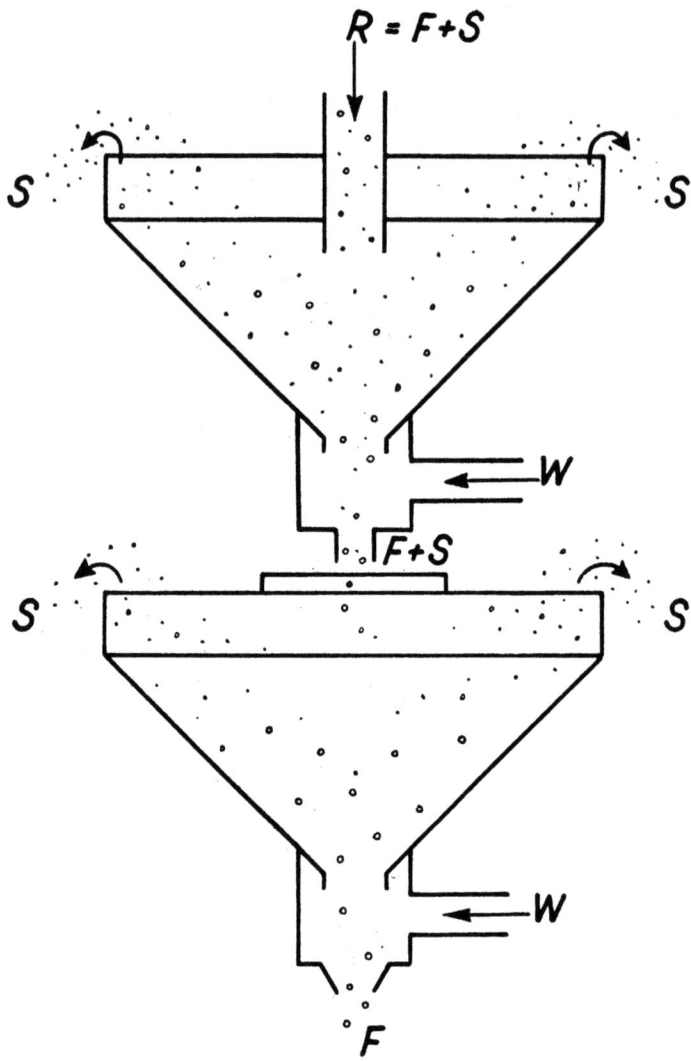

Abb. 2. Zweistufige offene Horizontalschlämmung. System Rheax

der feinsten Körnung. Dazu kommt, daß aber auch die ihrer Form nach besonders ungünstigen Körnungen, wie beispielsweise Glimmer, meist in diesen feinen Fraktionen bevorzugt anzutreffen sind. Durch die Entfernung der feinsten Teile unterhalb einer Grenze, die je nach dem Vorkommen zwischen 0,07 und 0,1 mm liegen mag, erreichen wir daher fast immer eine Verbesserung in der Gesundheit des Kornes ebenso wie in der Kornform. Unsere Versuche haben uns gezeigt, daß damit beispielsweise auch eine Erhöhung der Frostbeständigkeit erreicht wird.

Im folgenden sollen nun die Vorteile aufgezählt werden, die eine derartige kombinierte Aufbereitung bieten kann:

1. Schon immer wurden die Sieblinien der Körnungen als besonderes Merkzeichen für deren Eignung zur Herstellung einer Betonmischung angesehen, ohne daß zunächst eine klare Begründung für diese Bewertung gegeben wurde. Man wußte nur aus Erfahrung, daß eine günstigere Korn-

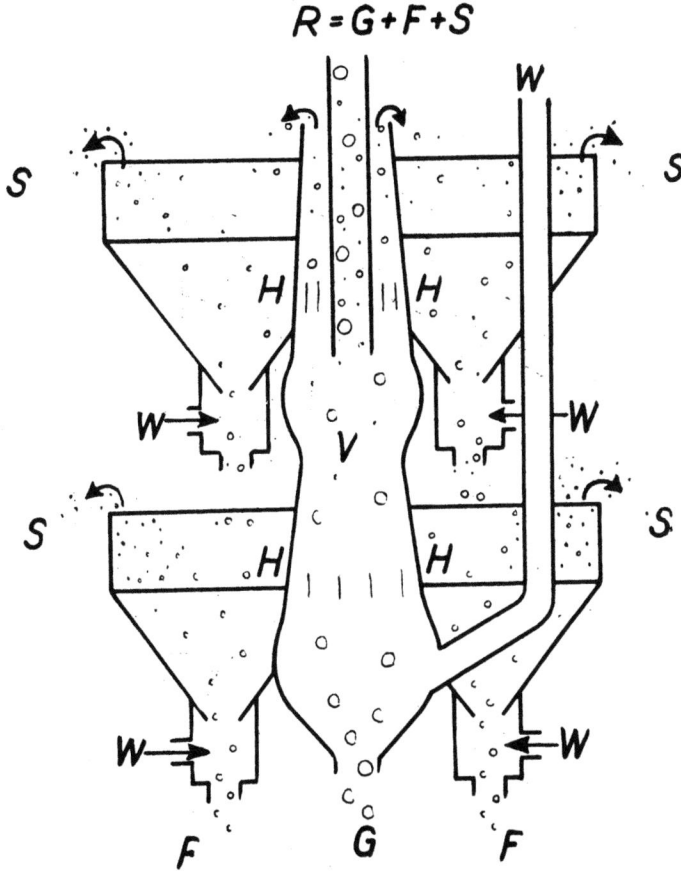

Abb. 3. Schema eines Rheax-Kombischlämmers

zusammensetzung bessere Ergebnisse liefert; sie war bereits mit einer geringeren W a s s e r m e n g e gut verarbeitbar und lieferte daher höhere Festigkeiten. Dabei erstrecken sich die bekannten Sieblinien wohl auf den Bereich bis 0,2 mm, da aber die kleinste zur Verfügung stehende Fraktion auch im besten Fall nur den Sand von 0 bis 2 oder 3 mm umfaßt, kann der Körnungsverlauf innerhalb dieser Grenzen im allgemeinen nicht weiter beeinflußt werden.

Erst in der letzten Zeit werden die alten Gesetze wieder mehr beachtet, auf die schon ABRAMS vor fast vierzig Jahren hingewiesen hat, nach denen die Druckfestigkeit des Betons unter sonst gleichen Verhält-

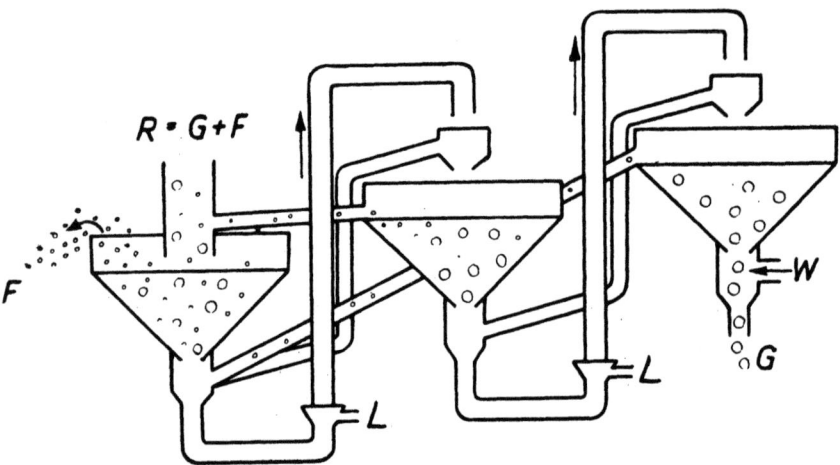

Abb. 4. *Rheax-Verbundschlämmung (dreistufig). Geschlossene Horizontalschlämmung*

nissen in erster Linie vom Wasserbindemittelwert, d. i. vom Verhältnis des Zements zu der in der Mischung enthaltenen Wassermenge, abhängt.

Mit der zunehmenden Anwendung dieser Lehre fand aber auch die Höhe der jeweils erforderlichen Wasserbeigabe die ihr zukommende Beachtung. Wie eingangs erwähnt, hängt die Wasser- und Bindemittelleimmenge, die notwendig ist, um die jeweils geforderte Verarbeitbarkeit zu erreichen, in hohem Maße von der Zusammensetzung der allerfeinsten Körner ab, die in der Mischung enthalten sind. Bedenken wir, daß die Festigkeit des Betons in erster Linie von der Höhe des W/Z-Wertes, erst in letzter Linie aber von der Menge des Bindemittelleimes abhängt, so kommen wir zwangsläufig dazu, den Wert eines Kornaufbaues nach der Menge Leim zu beurteilen, die unter sonst gleichen Umständen erforderlich ist, um eine verlangte Konsistenz zu erhalten. Der Aufbau des allerfeinsten Kornes entscheidet somit über den Wert des ganzen Gemenges. Es gibt für jeden einzelnen Fall eine beste Zusammensetzung der Feinstteile, die einen größeren Einfluß auf die Brauchbarkeit der Mischungen hat als der Aufbau des gröberen Kornes. Fehlt es an den erforderlichen feinsten Teilen, so müssen die Hohlräume zwischen den gröberen Körnern mit Zementleim ausgefüllt werden, wenn eine praktisch vollkommene Verdichtung erreicht werden soll. Ein zu hoher Anteil an Feinstsand aber würde gleichfalls zu einem unnötig hohen Aufwand an Wasser und Zement führen.

Es ist nun keineswegs möglich, die bekannten, für den gröberen Teil der Zuschlagstoffe erprobten Sieblinien einfach bis in den allerfeinsten Bereich zu verlängern. Für ihre günstigste Zusammensetzung müssen vielmehr auch Menge und Korn des Bindemittels, der Wassergehalt und vor allem auch die künstlich erzeugten Luftporen mit berücksichtigt werden.

2. Zu den größten Fortschritten, die in der Massenbetontechnik in den letzten Jahrzehnten erzielt wurden, gehört zweifellos die Verwendung der sogenannten künstlich eingeführten L u f t p o r e n. Die Erfahrung lehrt nun, daß die Wirksamkeit der verschiedenen Luftporenmittel, also die Menge Luftporen, die bei einer bestimmten Dosierung erreicht werden kann, außerordentlich schwankt und unter anderem vom Anteil und in hohem Maße von der Zusammensetzung der allerfeinsten Körnungen abhängt. Wenn wir nun aus unserem Feinsand die allerfeinsten Teile gänzlich entfernen und ihn, wie wir sagen, „entstauben", so schaffen wir damit in diesem Feinstbereich nicht nur gleichbleibende Verhältnisse, sondern in bester Weise auch die Voraussetzungen für eine stets gleichbleibende Erzeugung der gewollten Menge an künstlichen Luftporen. Die großen Streuungen und die reichlichen Unklarheiten in den Versuchsergebnissen, die man bei Verwendung von Luftporenmitteln bisher vielfach antrifft, sind fast immer auf Unkenntnis oder auf Schwankungen der Zusammensetzung des Feinstsandes zurückzuführen.

Der praktische Erfolg dieser Entstaubung, der sich besonders bei Mitverwendung der erwähnten künstlichen Luftporen deutlich zeigt, sind ein höherer Verdichtungsgrad, ein größeres Betongewicht und eine Verbesserung der Festbetoneigenschaften.

3. Wenn wir die kleinsten Korngruppen in der vorgeschlagenen Weise vollständig trennen, so werden wir diesen Erfolg auch in der Art ausnützen, daß wir die gewonnenen Fraktionen, d. s. der feinste Sand von ca. 0,1 bis 1,0 mm sowie der Feinsand von etwa 1,0 bis 3,0 mm, getrennt lagern und in der Betonfabrik jede für sich der Mischung zuwiegen. Damit sind die Voraussetzungen geschaffen, um eine weitere Verbesserung der Sieblinie zu erforschen und praktisch anzuwenden. Wie

erwähnt, haben wir erkannt, daß unter sonst gleichen Verhältnissen diejenige Betonmischung sowohl in wirtschaftlicher als auch in jeder technischen Beziehung die wertvollste ist, bei der die ideale Verarbeitbarkeit mit der **geringsten Menge** des gewählten Wasserzementleimes erreicht werden kann. Eine über den Bestwert hinausgehende Zugabe von Wasser, aber auch von Zementleim, würde sich in jeder Beziehung ungünstig auswirken.

4. Bekanntlich setzt die Erreichung der Festigkeitswerte des Betons, die wir nach dem ABRAMS'schen Gesetz erwarten dürfen, eine sehr gleichmäßige **Verdichtung** des Betons voraus. Wir wissen, daß Unregelmäßigkeiten in der Qualität des erhärteten Betons eines Bauwerkes am häufigsten auf Fehler in der Verdichtung des Frischbetons zurückzuführen sind. Die Feinstkorntechnik gibt uns in der hier dargestellten Art ein Mittel in die Hand, um die Verarbeitbarkeit und damit den Verdichtungsgrad des Frischbetons einer Baustelle laufend gleichmäßig zu halten.

5. Damit sind die Voraussetzungen erfüllt, um weiterhin als Ziel und Kennwert für die Bindemittelbemessung der Mischungen für Stahlbeton ebenso wie für Massenbeton nicht mehr die Zementdosierung allein anzusehen, sondern gleichzeitig auch mit dem Verhältnis des Wassers zu den Bindemitteln, also mit dem **Wasserbindemittelwert**, in einfacher Weise praktisch zu arbeiten. Es ist ein Weg gezeigt, um das schon lange bekannte, aber bisher zu wenig angewandte ABRAMS'sche Gesetz über die Abhängigkeit der Betonfestigkeit vom Wasserzementwert in die Praxis einzuführen. Dies war bisher, und zwar so lange nicht möglich, als wir nicht gelernt hatten, mit denjenigen Faktoren praktisch zu arbeiten, die nach diesem Gesetz in erster Linie für die Betonqualität verantwortlich sind, nämlich mit dem Bindemittelwert einerseits und dem Porenvolumen andererseits.

6. Nicht weniger ausschlaggebend ist die mit den bisherigen Einrichtungen niemals in hinreichendem Maß erreichte **Gleichmäßigkeit** der Betonqualität, wie sie heute durch das Zusammenwirken der erwähnten Faktoren, und zwar insbesondere durch die Aufbereitung und exakte Dosierung des Feinstsandes, erreicht wird. Wir scheiden die Fehlerquellen aus, die, wie schon erwähnt, durch Streuungen in der Zusammensetzung des Sandes immer wieder auftreten. Dann brauchen wir auch nicht unter dem Titel „Sicherheit" ständig eine größere Menge Zementleim aufzuwenden, durch die die Qualität des Betons im allgemeinen verschlechtert wird.

Die Entfernung des allerfeinsten Sandstaubes bringt auch eine Verbesserung der Qualität des Zuschlagstoffgemenges mit sich: Bekanntlich sind es im Gebirge, aber auch im Geschiebe der Flüsse, gerade die qualitativ minderwertigsten Teile, die von der Natur zuerst zerrieben werden.

Das gezeigte Verfahren ist keineswegs abgeschlossen. Wir stehen hier vielmehr noch am Anfang einer Entwicklung, die sowohl der Forschung im Laboratorium als auch der praktischen Durchführung auf der Baustelle aussichtsreiche Wege eröffnet.

Legende zu den Abbildungen 1 bis 4:

R Rohgut, zum Beispiel 0—3 mm   V Vertikalschlämmer
G Grobgut, zum Beispiel 1—3 mm   H Horizontalschlämmer
F Feingut, zum Beispiel 0,1—1 mm   W Wasserzulauf
S Staub, zum Beispiel 0—0,1 mm   B Beruhigungseinbauten
L Luftzufuhr (für Mammutpumpen)

Literaturhinweise

B r a c h e r, K.: Korntrennung bei Aufbereitungsanlagen für Großbaustellen und der Begriff der Trennschärfe. Allgemeine Bauzeitung, Jg. 1954, Nr. 387.

E d e r, Th.: Zur einheitlichen Kennzeichnung der Trennschärfe. Montan-Zeitung, 67. Jg. (1951), H. 9.

F r e y - B ä r, O. und K o h n, M.: Die Sandtrennung als Mittel zur Qualitätsverbesserung des Staumauerbetons. Schweizer. Bauzeitung, Jg. 1954, Nr. 9.

F r i t s c h, J.: Neue Erfahrungen im Massenbetonbau. Schweizer. Bauzeitung, Jg. 1954, Nr. 10.

P i l n y, F.: Die Betonerzeugungsanlagen der Baustelle Donaukraftwerk Jochenstein. Zeitschr. d. Österr. Ingenieur- u. Architektenvereines, Jg. 1954, H. 9/10.

W o g r i n, A.: Die Betontechnik der Oberstufensperren. Festschrift „Die Oberstufe des Tauernkraftwerkes Glockner-Kaprun", Sept. 1955.

SCHRIFTENREIHE DES ÖSTERREICHISCHEN WASSERWIRTSCHAFTSVERBANDES

H. 1—5 vergriffen.
H. 6: **Bermann, R.**, Betrachtungen zur Energiewirtschaft Österreichs. 23 S. 1946, S 6.50.
H. 7: **Hartig, E.**, Wasserwirtschaft und Wasserrecht — Der Österreichische Wasserwirtschaftsverband. 25 S. 1947, S 7.—.
H. 8: **Vas, O.**, Über das Unterwasserkraftwerk. 22 Abb. 67 S. 1947, S 15.—.
H. 9: **Musil, L.**, Wirtschaftliche Gesichtspunkte für die Großraum-Verbundwirtschaft in der Elektrizitätsversorgung. 15 Abb. 43 S. 1947, S 9.—.
H. 10: **Pönninger, R.**, Die Verwertung der städtischen Abwässer in Österreich. 15 Abb. 67 S. 1948, S 14.40.
H. 11: **Steinwender, A.**, Die Zukunft der Wasserversorgung der Stadt Wien. 8 Abb. 44 S. 1948, S 7.20.
H. 12: **Ramsauer, B.**, Die österreichische Nährflächenreserve — das zehnte Bundesland. 7 Abb. 30 S. 1948, S 5.80.
H. 13: **Vas, O.**, Der Anteil Österreichs an der elektrizitätswirtschaftlichen Gemeinschaftsplanung in Europa. 13 Abb. 27 S. 1948, S 6.60.
H. 14: **Böhmer, H.**, Über den derzeitigen Stand der Bauarbeiten am Tauernkraftwerk Kaprun. 22 Abb. 50 S. 1949, S 12.—.
H. 15: **Fritsch, J.**, Talsperrenbeton. 4 Abb. V, 34 S. 1949, S 7.20.
H. 16: **Sitte, F.**, Wasserwirtschaftstagung 1949 in Bad Ischl, Oberösterreich. — Jahresbericht 1948 des Österreichischen Wasserwirtschaftsverbandes. 11 Abb. III, 70 S. 1949, S 19.20.
H. 17: **Kieser, A.**, Gewässerkundliche Grundlagen der Anlagen und Projekte der Vorarlberger Illwerke A. G. 21 Abb. III, 36 S. 1949, S 7.20.
H. 18: **Steinwender, A.**, Über Düsen, Wasserstrahlpumpen und Heber. 33 Abb. III, 47 S. 1950, S 14.40.
H. 19: **Fritsch, J.**, Der heutige Stand der Massenbetontechnik. 15 Abb. 37 S. 1950, S 12.—.
H. 20: **Baumann, F.**, Vom älteren Flußbau in Österreich. 10 Abb. IV, 44 S. 1951, S 14.40.
H. 21: **Kieser, A.**, Die „Kernring-Auskleidung" im Druckstollen „Kops-Vallüla" der Vorarlberger Illwerke A. G. 12 Abb. III, 31 S. 1951, S 10.—.
H. 22: **Vas, O.**, Probleme der Kraftwasserwirtschaft in Mitteleuropa. 27 Abb. III, 60 S. 1952, S 16.—.
H. 23: **Grengg, H.**, Das Großspeicherwerk Glockner-Kaprun. 10 Abb. V, 35 S. 1952, S 14.—.
H. 24: **Fritsch, J.**, Amerikanischer Talsperrenbau. 22 Abb. III, 51 S. 1952, S 20.—.
H. 25: **Liepolt, R.**, Abwasserwirtschaft in Österreich. **Koziel, O.**, Abwasserwirtschaft in Kärnten. 10 Abb. V, 40 S. 1953, S 18.—.
H. 26/27: **Grabmayr, P.**, Wasserrechtliche Berufungsentscheidungen und Erkenntnisse 1949 bis 1952. III, 73 S. 1953, S 30.—.
H. 28/29: **Hartig, E.**, Internationale Wasserwirtschaft und internationales Recht. 102 S. 1955, S 42.—.
H. 30: **Vas, O.**, Wasserkraft- und Elektrizitätswirtschaft in der Zweiten Republik. 48 S., 39 Tafelbilder, 9 Abb., 9 Tab., 1956, S 36.—.
H. 31: **Lernhart, A.**, Untersuchungen zur Erweiterung der Wasserversorgung Wiens. 44 S., Grundwasserkarte, 1956, S 36.—.
H. 32/33: **Kresser, W.**, Die Hochwässer der Donau. 24 Abb., 15 Diagramme, 7 Tabellen, 1 Niederschlagskarte, 94 S. 1957. S 51.—.

Tafel I

Matrizen für die Schalplatten

Tafel II

Einschaufeln des Betons in die Matrizen

Tafel III

Rüttelbohle zur Betonverdichtung

Tafel IV

Saugmatratze mit Filtertuch und Saugrohrleitung

Tafel V

Betonseitige rauhe Plattenfläche mit 2 Stegen

Tafel VI

Stapeln der Platten im Freien

Tafel VII

Versetzen der Platten mit Kran

Tafel VIII

Einbau der Platten auf der luftseitigen Mauerfläche

Tafel IX

Massenbeton bis zum oberen Schalplattenrand eingebracht

Tafel X

Kassettierte Rückseite der Platten mit Stegen

Tafel XI

Einbau der Stege an den Schalplatten

Tafel XII

Einbau der Platten an der Sperre Gr.-Mühldorfer See (Oktober 1956)

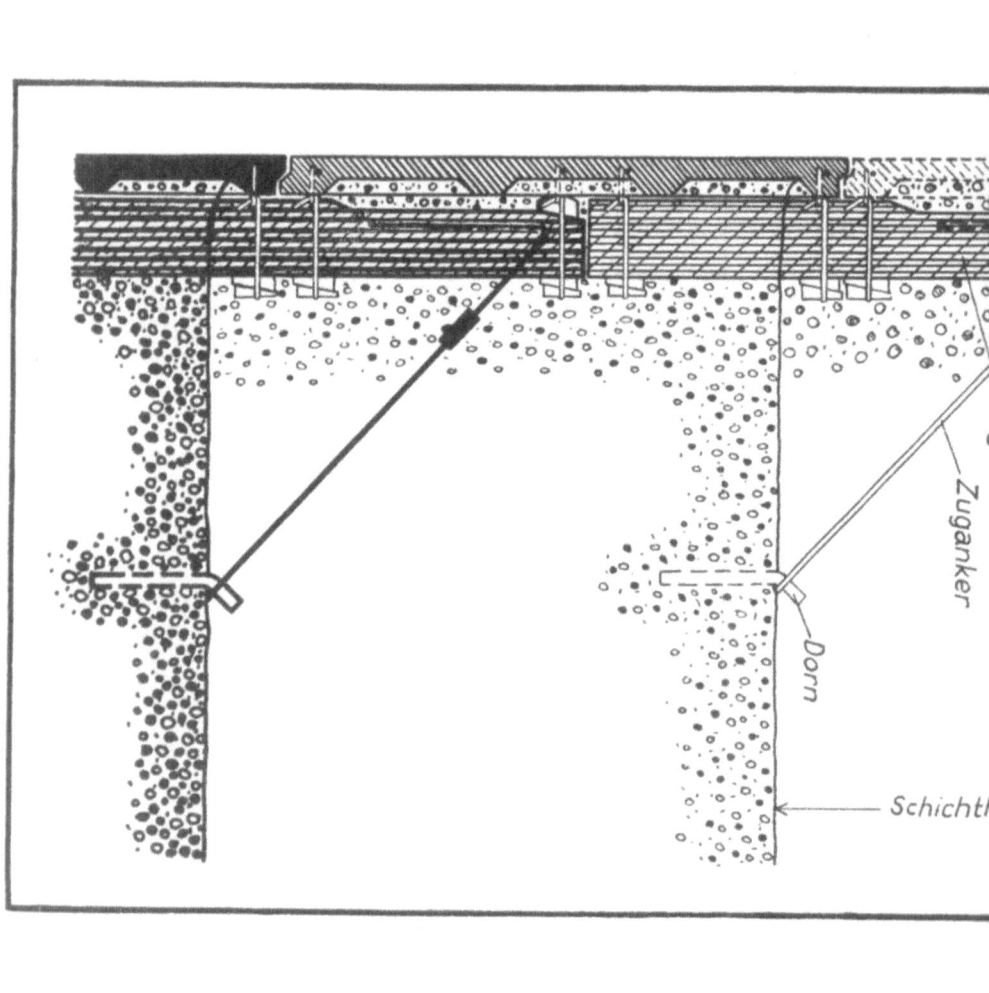

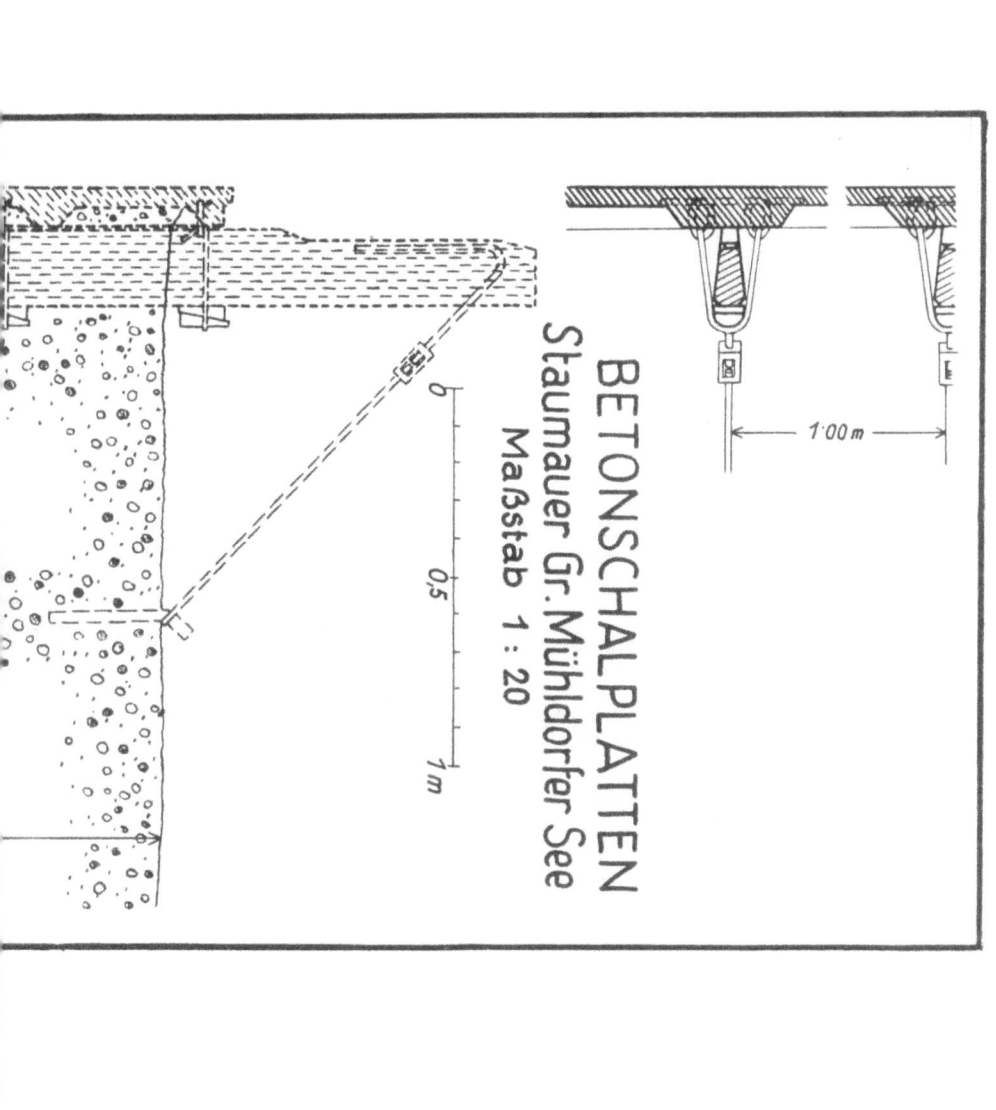

MIX
Papier aus verantwortungsvollen Quellen
Paper from responsible sources
FSC® C105338

If you have any concerns about our products,
you can contact us on
ProductSafety@springernature.com

In case Publisher is established outside the EU,
the EU authorized representative is:
**Springer Nature Customer Service Center GmbH
Europaplatz 3, 69115 Heidelberg, Germany**

Printed by Libri Plureos GmbH
in Hamburg, Germany